전깃줄 속에 흐르는 전기와
쇠붙이를 끌어당기는 자석,
이들은 세상에 둘도 없이 가까운 사이입니다.
두 친구가 협동해서 얼마나 대단한 일을 하는지
알아볼까요?

전기로 움직이는 세상

전기와 자기

박병철 글 | 김민준 그림

휴먼어린이

우리 주변에는 전기로 움직이는 물건이 참 많습니다.
전등, 전화, 텔레비전, 컴퓨터, 냉장고, 세탁기, 에어컨 등등.
심지어 요즘에는 전기로 달리는 자동차도 나와 있지요.
그런데 여러분은 이런 기계들을 움직이는 데
자석이 아주 중요한 역할을 한다는 걸 알고 있나요?
컴퓨터와 냉장고는 벽에 있는 콘센트에 전선을 꽂기만 하면
곧바로 작동하는데, 도대체 자석은 어디에 있는 걸까요?

발전소에서 우리 집 콘센트로 배달되는 전기는
자석이 없으면 만들 수 없답니다.
자석이 가지고 있는 다양한 성질을 '자기'라고 하는데,
이 자기와 전기 중 하나만 없어도 우리의 일상생활은 당장 멈춰 버릴 것입니다.
대체 둘이 어떤 사이길래 이토록 엄청난 일을 해낼 수 있을까요?

고대 그리스 사람들은 호박*이라는 보석을 털가죽에 문지르면
가벼운 깃털이나 보푸라기가 호박에 들러붙는다는 것을 알고 있었습니다.
조금 세게 문지르면 작은 불꽃이 튀기도 했지요.
그 후로 이것은 2천 년 동안 그저 '신기한 현상'으로 남아 있다가
1750년대에 와서야 비로소 과학적으로 연구되기 시작했습니다.
미국의 정치가이자 과학자인 **벤자민 프랭클린**이 바로 그 주인공이었지요.

● **호박**   나무에서 흘러나온 진액이 수백만 년 동안 땅속에 묻혀 있다가 돌처럼 단단하게 굳은 덩어리.

고대 그리스인들은 이 호박을 '일렉트론'이라고 불렀지. 왜 전기가 영어로 '일렉트리시티(electricity)'인지 알겠지?

물론 프랭클린의 정신은 멀쩡했습니다.
번개의 성질을 알아내기 위해 위험을 무릅쓴 것뿐이지요.
천둥과 번개가 요란하게 치던 어느 날,
프랭클린은 아들 윌리엄과 함께 미리 준비해 놓은 연을 띄우고 기다렸습니다.
연의 꼭대기에는 뾰족한 철사가 달려 있고,
실의 반대쪽 끝에는 금속으로 만든 커다란 열쇠가 묶여 있었지요.
어느 순간, 드디어 커다란 번개가 연 근처에 떨어졌습니다.

목숨을 건 실험 덕분에 '번개는 전기다'라는 프랭클린의 생각이 사실로 밝혀졌습니다.
다행히 그는 손가락과 팔에 가벼운 화상만 입고 살아났지요.
강력한 번개를 온몸으로 체험한 프랭클린은 여기서 힌트를 얻어
'번개를 피하는 뾰족한 금속'인 **피뢰침**을 발명했습니다.
번개는 주로 높고 뾰족한 곳에 떨어지는 성질이 있는데,
높은 건물 꼭대기에 금속으로 만든 피뢰침을 세워 놓으면
번개가 떨어져도 사고가 나지 않습니다.
번개에 들어 있는 전기가 피뢰침에 연결된 전선을 타고
땅속으로 흘러 들어가서 사라지기 때문이지요.

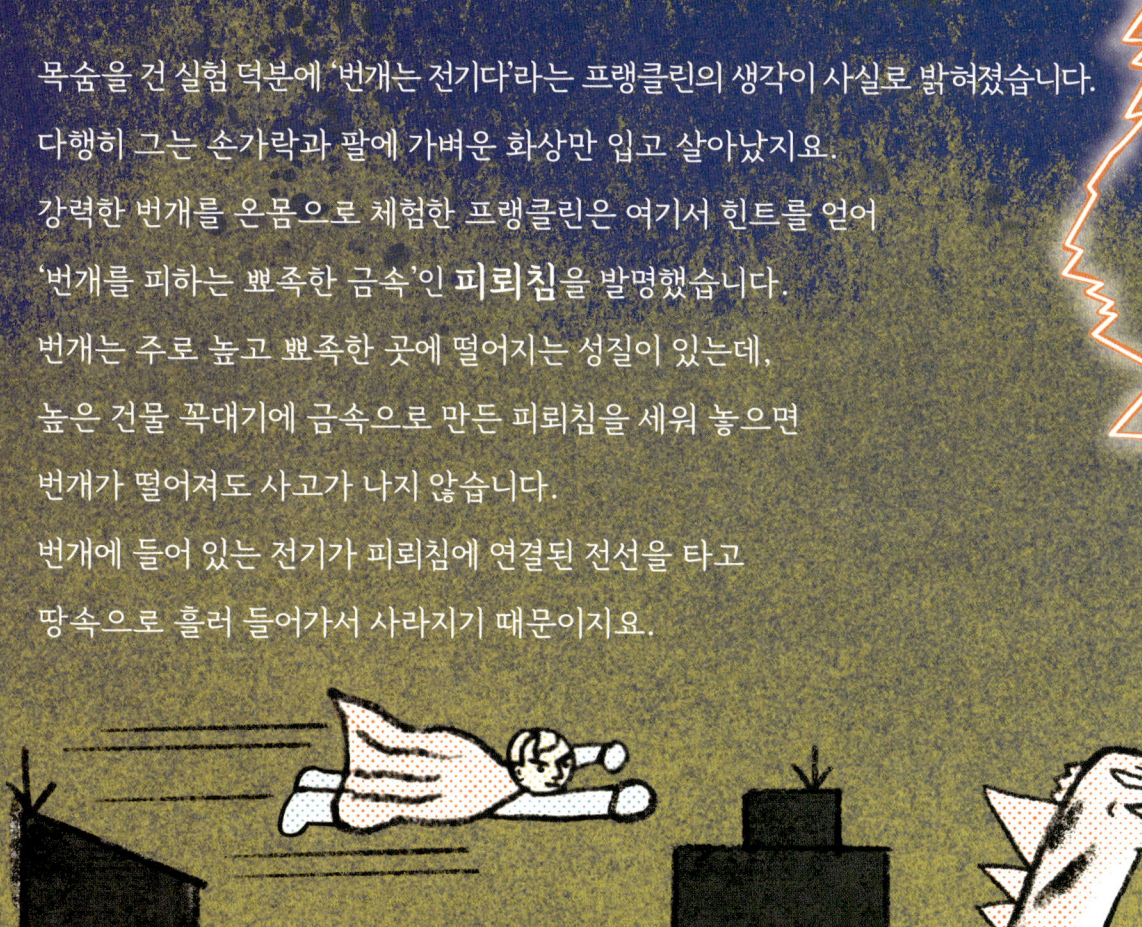

그 후 프랭클린의 피뢰침은 전 세계의 높은 건물마다 설치되어
지난 수백 년 동안 수많은 사람의 목숨을 구했습니다.
만일 그가 피뢰침으로 특허를 냈다면 엄청난 부자가 되었을 것입니다.
그러나 프랭클린은 자기 생각이 증명된 것만으로 충분하다며
단 한 푼의 돈도 받지 않았습니다.
지금은 미국 돈 100달러짜리 지폐에 그의 얼굴이 그려져 있으니,
이것으로 조금이나마 보상이 되었으면 좋겠네요.

그 후 1800년대 초에 덴마크의 한스 크리스티안 외르스테드라는 과학자가
전기가 흐르는 줄, 즉 전선을 연구하다가 이상한 현상을 발견했습니다.
전선 주변에 나침반을 가까이 가져갔더니,
나침반의 바늘이 휙 돌아가면서 엉뚱한 방향을 가리킨 것입니다.
원래 나침반은 지구의 남극과 북극을 가리키는 장치인데,
전선 근처에만 가면 예외 없이 전선을 에워싸는 방향으로 움직였지요.

● **나침반** 자석으로 만든 바늘을 이용하여 방향을 알아내는 도구. 지구는 커다란 자석이기 때문에,
아무 곳에서나 나침반을 평평한 바닥에 놓으면 자침이 남쪽과 북쪽을 가리키게 되지요.

이것은 정말로 놀라운 발견이었습니다.
그전까지만 해도 과학자들은 전기와 자기를 완전히 다른 것으로 생각했는데,
전기가 흐르는 전선은 마치 자석처럼 다른 자석을 움직이게 만들었지요.
이 현상을 한마디로 줄이면 다음과 같습니다.

"전기는 자기를 만든다!"

외르스테드의 뒤를 이어 전기와 자기의 성질을 밝히는 데 큰 공을 세운 사람은 1791년에 영국에서 대장장이의 아들로 태어난 **마이클 패러데이**였습니다. 그는 집안이 너무 가난해서 학교를 도중에 그만두고 열세 살 때부터 책을 만드는 제본소에서 허드렛일을 하며 돈을 벌어야 했지요. 그러나 워낙 과학에 관심이 많고 영리했던 패러데이는 제본소에서 만드는 책을 틈틈이 읽으면서 혼자 공부해 나갔습니다. 그러던 어느 날, 패러데이는 당시 영국에서 가장 유명한 과학자였던 험프리 데이비 교수의 강연을 우연히 듣게 되었습니다.

그는 데이비 교수가 하는 말을 한마디도 빼지 않고 공책에 받아 적었다가
집에 와서 다시 깨끗한 글씨로 정리한 후 멋진 책으로 만들었습니다.
그러고는 이 책을 훌륭한 강연에 대한 감사의 표시로 데이비 교수에게 보냈지요.
정성이 가득 담긴 선물에 깊이 감동한 데이비 교수는
자신의 실험을 도와 달라며 패러데이를 연구소로 불러들였습니다.
초등학교도 제대로 나오지 않은 스물두 살의 청년이
유명 과학자의 조수가 된 것입니다.

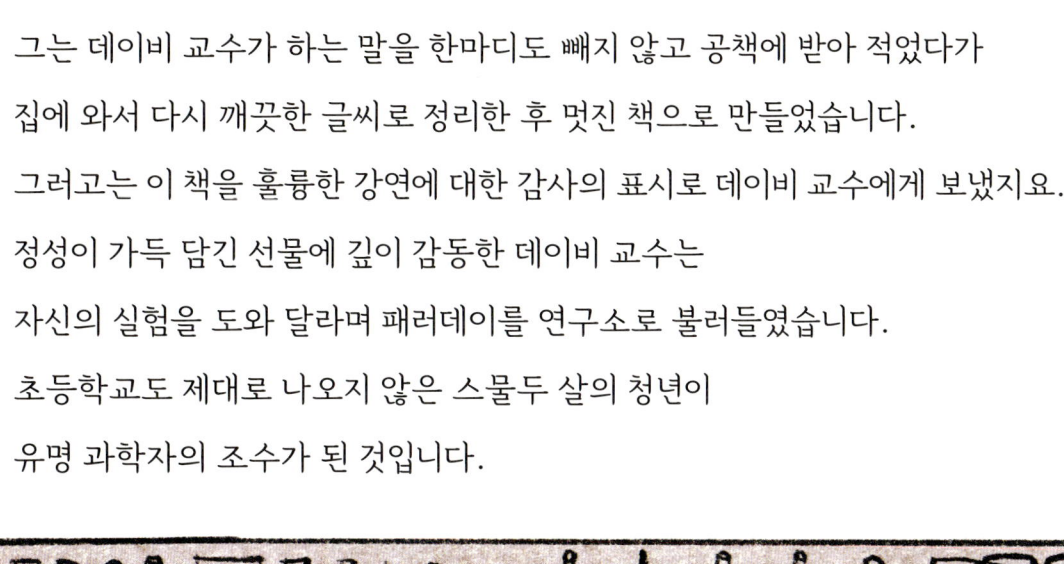

처음에 패러데이는 데이비 교수가 시키는 실험만 하다가
몇 년 후부터는 자신이 생각해 낸 실험을 하고, 강연도 하게 되었습니다.
연구소의 유명한 박사님들이 패러데이의 실력을 인정했던 거지요.
그러던 어느 날, 패러데이는 인류의 역사를 바꿀 위대한 발견을 하게 됩니다.
이 발견이 없었다면 지금 여러분은 촛불 밑에서 이 책을 읽고 있을 겁니다.

여기 동그란 모양의 전선이 있습니다. 전선에는 작은 전구가 연결되어 있지만, 배터리를 연결하지 않아서 전구에는 당연히 불이 들어오지 않습니다. 그런데 동그란 전선 안으로 막대자석을 넣었다 뺐다 하면 배터리도 연결하지 않은 전구에 불이 들어옵니다! 자석이 움직였기 때문에 전선에 전기가 흐른 것입니다. 간단히 말해서 "움직이는 자기는 전기를 만든다!"는 뜻이지요. 이것이 바로 그 유명한 패러데이의 **전자기 유도 법칙**이랍니다.

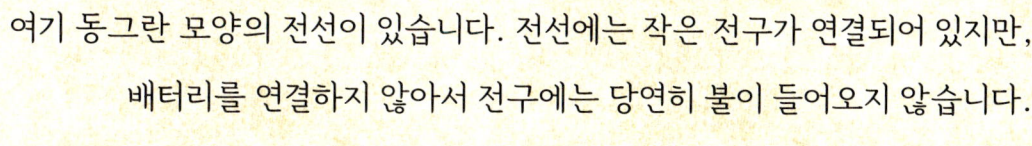

이 엄청난 발견 전에는 아주 약한 전기만 만들 수 있었지. 금속판으로 만든 단순한 배터리로 말이야. 그때 전기는 과학자들의 신기한 실험 도구일 뿐이었어.

영차! 영차!

여기서 잠깐 동그란 전선과 막대자석의 대화를 들어 볼까요?

자석이 가만히 있는 동안 전선이 앞뒤로 움직였더니, 전구에 또다시 불이 켜집니다.
그렇습니다. 자석과 전선 중 하나만 움직이면 무조건 전기가 흐른답니다.

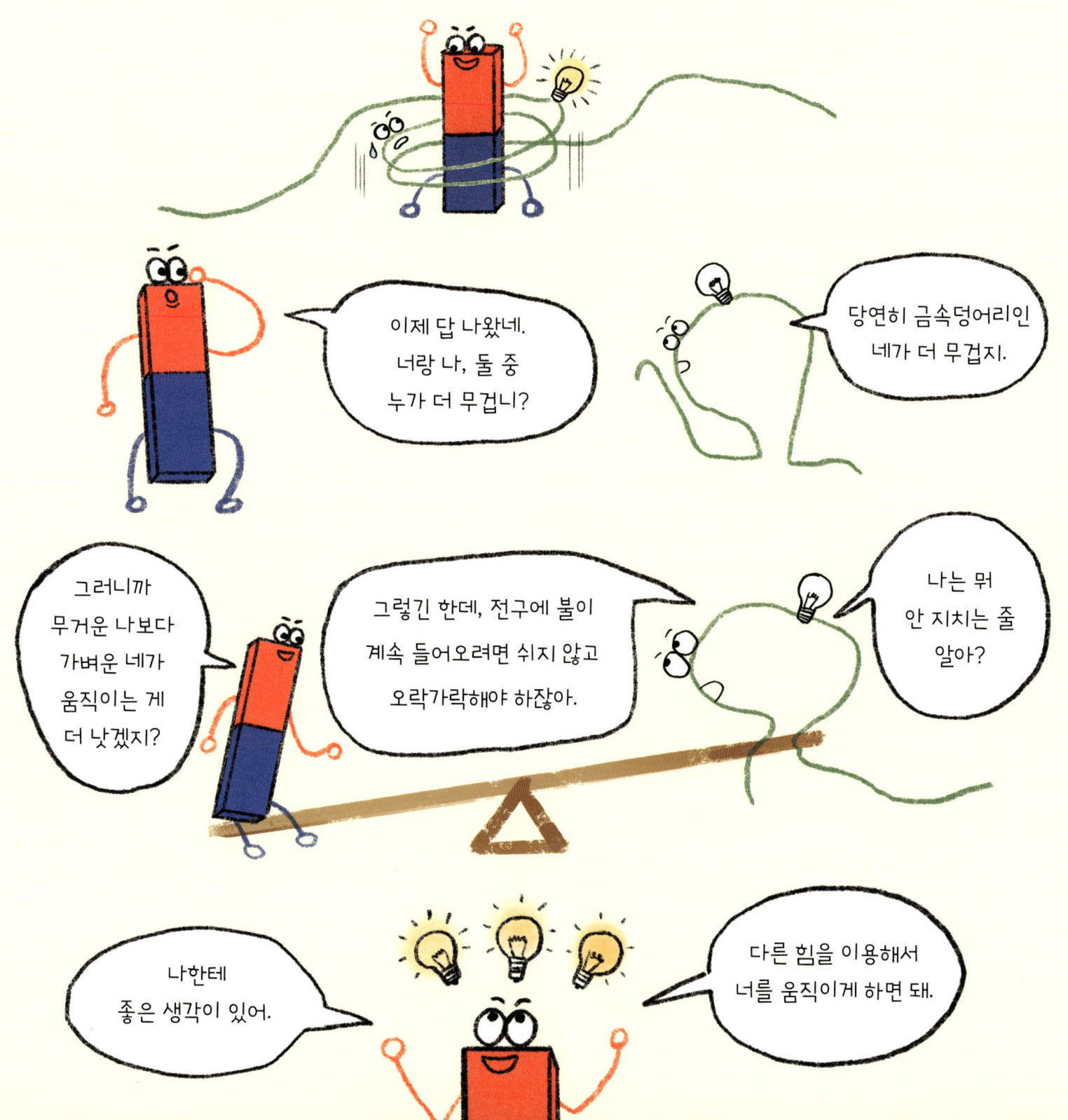

어떤 물건이건 앞뒤로 오락가락하게 만드는 것보다
한자리에서 빙글빙글 돌아가도록 만드는 게 훨씬 쉽습니다.
자석 두 개를 서로 마주 보게 하고
그 사이에서 사각형 모양의 전선을 빠르게 돌리면
앞에서 했던 것과 똑같은 효과를 볼 수 있답니다.
이런 장치를 **발전기**라고 합니다. '전기를 만들어 내는 장치'라는 뜻이지요.

그리고 전선을 직접 빙글빙글 돌리는 것보다
전선을 바퀴에 단단히 연결한 후, 바퀴를 돌리는 편이 더 쉽습니다.
어떻게든 바퀴를 돌리기만 하면 여기 연결된 전선도 함께 돌아갈 테니까요.
이런 바퀴를 **터빈**이라고 합니다.
이왕 하는 김에, 도시 전체가 쓸 수 있을 정도로 많은 전기를 만들고 싶다면
발전기와 터빈을 아주 크게 만들면 됩니다.
자석이 클수록, 전선이 많을수록, 그리고 터빈을 빠르게 돌릴수록
생산되는 전기도 많아지기 때문입니다.
자, 이제 커다란 터빈을 돌리기만 하면 전기가 만들어집니다.
과연 어떤 힘으로 돌리는 게 좋을까요?

방법은 여러 가지가 있습니다.

높은 곳에서 떨어지는 물의 힘을 이용해서 터빈을 돌리면 수력 발전소가 되고,

석탄으로 물을 끓여서 생긴 수증기의 힘으로 터빈을 돌리면 화력 발전소가 됩니다.

또 핵연료로 물을 끓여서 생긴 수증기의 힘으로 터빈을 돌리면 원자력 발전소,

태양열로 물을 끓여서 생긴 수증기의 힘으로 터빈을 돌리면 태양열 발전소,

바람의 힘을 이용하여 터빈을 돌리면 풍력 발전소가 되지요.

그러니까 수력 발전, 화력 발전, 원자력 발전 등은
터빈을 돌리는 방법의 차이일 뿐,
원리는 똑같습니다.

모두 패러데이의 전자기 유도 법칙을 이용한 것이지요.
이 법칙이 없었다면 발전소가 없었을 것이고,
전기로 작동하는 모든 물건은
이 세상에 나오지도 않았을 것입니다.
이제 패러데이가 얼마나
위대한 발견을 했는지 이해가 가지요?

패러데이는 세계 최고의 과학자가 된 후에도
돈이 없어 공부를 못 했던 어린 시절을 한시도 잊지 않았습니다.
그래서 그는 1825년부터 매년 크리스마스가 되면
어린이들을 연구소에 초대하여 재미있는 과학 이야기를 들려주었습니다.
과학 수업이 바로 아이들에게 주는 크리스마스 선물이었던 셈이지요.
이 전통은 거의 200년이 지난 지금까지 충실하게 이어져서
요즘도 영국의 어린이들은 매년 크리스마스에
텔레비전 앞에 앉아 최고 과학자의 강연을 듣는답니다.
1861년, 패러데이는 그해 크리스마스 강연에서
이런 말을 남겼습니다,

앞에서 말한 대로 전기는 자기를 만들고, 자기는 전기를 만듭니다.
둘이 이 정도로 가까운 사이라면, 혹시 처음부터 하나였던 것은 아닐까요?
영국의 과학자 **제임스 클러크 맥스웰**은 패러데이의 연구를 더욱 발전시켜서
전기와 자기가 하나라는 것을 증명해 냈습니다.

알고 보니 전기가 발휘하는 힘(전기력)과 자석이 발휘하는 힘(자기력)은
전자기력이라는 하나의 힘이 가지고 있는 두 가지 성질이었습니다.
결국 전기와 자기는 동전의 앞면과 뒷면처럼 처음부터 한 몸이었던 것입니다.

또한 맥스웰은 전자기력이 마치 물결처럼
사방으로 퍼져 나간다는 사실을 알아냈습니다.
움직이는 물결은 위로 올라갔다 내려오기를 반복하는데,
이런 현상을 **파동**이라고 합니다.
그래서 맥스웰은 사방으로 퍼지는 전자기력의 파동을 **전자기파**라고 불렀습니다.

모든 파동은 자신만의 속도를 갖고 있습니다.
잔잔한 물에 돌멩이를 던졌을 때 생기는 물결의 파동은 느리게 퍼져 나가고,
우리가 말할 때 공기를 통해 전달되는 소리의 파동은 빠르게 퍼져 나갑니다.
전자기파도 파동이니까 자신만의 빠르기가 있을 텐데,
맥스웰이 이 값을 계산해 보니
무려 1초에 30만 킬로미터라는 아주 큰 숫자가 나왔습니다.
1초에 지구를 일곱 바퀴 반이나 돌 수 있을 정도로 엄청나게 빠른 속도입니다.
바로 그 순간, 맥스웰은 벌어진 입을 다물지 못했습니다.
숫자가 커서가 아니라, 이미 알고 있던 어떤 숫자와 정확하게 같았기 때문입니다.
그 무렵에 알려진 빛의 속도가 바로 1초당 30만 킬로미터였거든요.
우연이라고 보기에는 너무나 기적 같은 일이었기에,
맥스웰은 자신의 이론을 정리하면서 놀라운 결론을 내렸습니다.

그렇습니다. 태양빛과 별빛, 전구의 빛, 손전등, 촛불 등등
우리 눈에 보이는 모든 빛은 전기와 자기가 만든 전자기파였습니다.
촛불 안에는 전깃줄도, 자석도 없는데 어떻게 전자기파가 만들어지냐고요?
이 질문에 답하려면 아주 작은 세계를 들여다봐야 합니다.
모든 물질은 아주 작은 **원자**로 이루어져 있고
그 안에는 **전자**라는 입자가 열심히 움직이고 있습니다.
전기라는 것은 바로 이 전자가 움직일 때 나타나는 현상이기 때문에,
평범한 물건도 전기와 자기를 모두 갖고 있는 것이지요.
그러다 물건이 아주 뜨거워지거나 다른 물질과 만나 자극을 받으면
전자기파가 방출되면서
환하게 빛을 발하는 것이랍니다.

전자기파에는 여러 가지 빛이 섞여 있습니다.

그중에서 우리 눈에 보이는 것을 **가시광선**이라고 하지요.

하지만 자연에는 눈에 보이지 않는 전자기파가 훨씬 많답니다.

해수욕장에서 몸에 자외선 차단제를 바르는 이유는

눈에 보이지 않는 빛인 **자외선**이 피부에 해롭기 때문입니다.

적외선 카메라(열 감지용 카메라)에 쓰이는 **적외선**도 마찬가지지요.

적외선과 자외선은 우리 눈에 보이지 않을 뿐, 어디에나 존재하고 있답니다.

1895년, 독일의 빌헬름 뢴트겐이라는 과학자가
가스로 가득 찬 유리관 속에 전기를 흘려보내는 실험을 하다가
가스에서 방출된 전자기파가 사람의 몸을 통과한다는 것을 알아냈습니다.
그런데 이 전자기파는 살만 통과하고 뼈를 통과하지 못했기 때문에,
유리관 앞에 서서 사진을 찍었더니 몸속의 뼈가 선명하게 드러났지요.
이 전자기파의 정체를 알지 못했던 뢴트겐은
'모르는 숫자'를 뜻하는 수학 기호 x를 써서 X-선이라고 불렀습니다.
그렇습니다. 병원에서 환자의 몸속을 촬영하는 엑스레이도
눈에 보이지 않는 전자기파 중 하나랍니다.

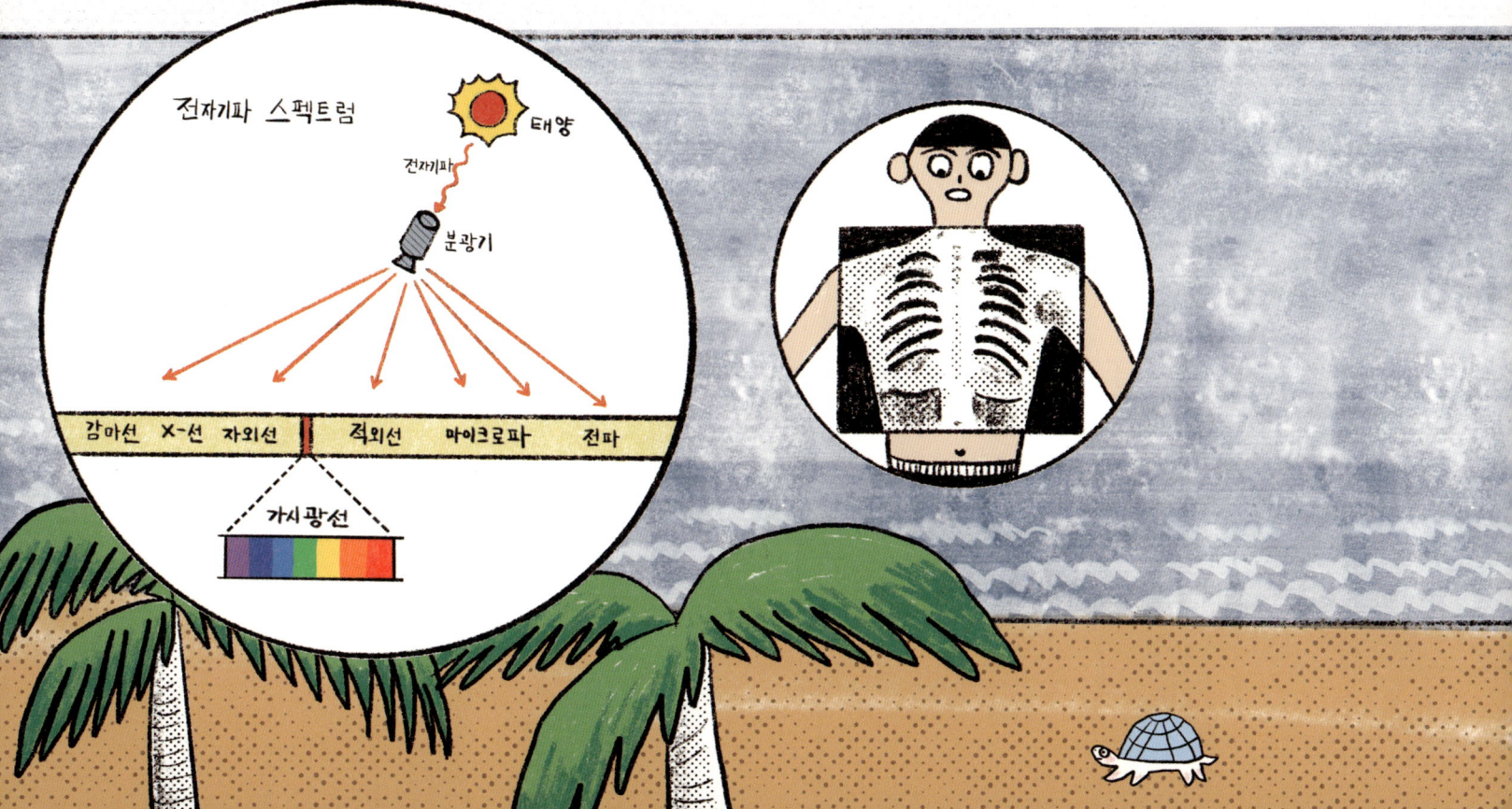

그리고 텔레비전과 라디오, 스마트폰, 무선 인터넷 등은
보이지 않는 전자기파의 한 종류인 **전파**를 이용하여 신호를 전달하는 장치입니다.
그러니까 여러분은 길거리를 거닐 때마다
온갖 전자기파로 가득 찬 바닷속을 헤엄치며 나아가고 있는 셈입니다.

혹시 몸에 해롭지 않을까 걱정되기도 하지만,
과학자들이 연구한 결과, 별로 위험하지 않은 것으로 밝혀졌습니다.
거리를 거닐 땐 전자기파보다 자동차를 조심하는 게 더 낫다는 뜻이지요.

번개가 내리치면 하늘이 화났다며 도망 다니던 사람들이
불과 150년 만에 전기로 움직이는 세상을 만들었습니다.
과학적인 사고가 세상을 훨씬 살기 좋은 곳으로 만든 것입니다.
물론 이 모든 것은 전기와 자기가
'한 몸'이었기 때문에 가능했지요.

하지만 전기와 자기의 특성을 알아내는 것과
전기를 이용해서 유용한 제품을 만드는 것은 전혀 다른 일입니다.
여기에는 수많은 사람의 실패와 성공,
좌절과 희망의 이야기가 담겨 있는데,
그 대표적인 사람이 발명왕 에디슨과 괴짜 천재 테슬라였습니다.
두 사람은 처음에 서로 돕는 관계였지만,
나중에는 상대를 이기기 위해 치열한 경쟁을 벌이면서
우리의 일상생활을 완전히 바꿔 놓게 됩니다.

 나의 첫 과학 클릭!

모터와 전자석

자석 사이에 놓인 전선을 돌려서 전기를 만들 수 있다면,
이와 반대로 전기를 자석 사이의 전선에 흘려보내서
전선이 혼자 돌아가게 만들 수도 있지 않을까요? 물론 가능합니다.
발전기에서 전선을 빙글빙글 돌리는 대신 그냥 전기를 흘려보내기만 하면
자석과 전선이 서로 힘을 주고받으면서 전선이 저절로 돌아갑니다.
이런 장치를 전동기, 또는 모터라고 하지요.
돌아가는 전선에 날개를 연결하면 선풍기가 되고,
드럼을 연결하면 세탁기, 바퀴를 연결하면 전기 자동차가 되지요.

선풍기의 모터

드럼 세탁기의 모터

그러니까 발전기는 회전 운동을 일으켜서 전기를 만드는 장치이고,
모터는 이와 반대로 전기를 흘려보내서 회전 운동을 일으키는 장치입니다.
물론 발전기뿐만 아니라 모터도 패러데이의 전자기 유도 법칙을 이용한 발명품이랍니다.
또 무거운 쇠붙이에 전선을 돌돌 감아서 전기를 흘려보내면
평범했던 쇠붙이가 통째로 자석이 되는데, 이것을 전자석이라고 합니다.
'전기는 자기를 만들고, 자기는 전기를 만든다.'는 패러데이의 법칙을 이용한 것이지요.
전자석에 전기를 끊으면 다시 평범한 쇠붙이로 돌아오기 때문에,
공장이나 건설 현장에서 아주 유용하게 쓰이고 있답니다.

크레인에 전자석을 연결해 사용하는 모습들

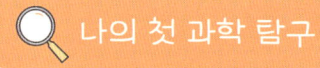

나의 첫 과학 탐구

가전제품에 표시된 220V란 무엇일까?

전압이란 '전기가 갖고 있는 에너지'를 숫자로 나타낸 것입니다.

흔히 볼트(V)라는 단위를 사용하지요.

물론 전압이 클수록 많은 일을 할 수 있습니다.

그렇다면 우리 집에 1천 볼트, 또는 1만 볼트짜리 전기가 들어오면

훨씬 많은 일을 할 수 있지 않을까요? 네, 맞습니다.

하지만 이렇게 높은 전압을 집에서 사용하면 선풍기나 컴퓨터를 켤 때마다

목숨을 걸어야 합니다. 잘못해서 높은 전압에 감전되면 당연히 크게 다칠 테니까요.

그렇다면 어느 정도의 전압이 가장 적당할까요?

전기를 가정집에 배달하는 사업을 처음으로 시작한 사람은

발명왕으로 유명한 미국의 에디슨이었습니다.

그때 에디슨은 100볼트짜리 전기를 사용했는데, 별 이유가 없었습니다.

그냥 90이나 110보다는 100이라는 숫자가 외우기 쉬우니 사용했다고 합니다.

이와 달리 유럽에서는 220볼트짜리 전기를 사용했지요.

우리나라도 미국과 일본의 영향을 받아 처음에는 100볼트짜리 전기를 사용했습니다.

그런데 미국의 100볼트보다는 유럽의 220볼트가 전기를 배달하는 데 비용이 적게 들기 때문에, 1970년대부터 거의 30년 동안 전국적인 공사를 벌여서 지금은 모두 220볼트를 쓰고 있답니다.
공장에서 만드는 가전제품도 모두 여기에 맞춰서 만들어지고 있지요.
하지만 미국이나 일본으로 여행을 가면 당장 문제가 발생합니다.
두 나라는 지금도 100~120볼트짜리 전기를 쓰기 때문에,
애써 가져간 컴퓨터나 충전기를 쓸 수 없습니다.
그래서 예전에는 미국에 갈 때 전압을 바꿔 주는 묵직한 기계를 들고 가기도 했답니다.
다행히 요즘은 그럴 필요가 없습니다. 거의 모든 가전제품이 100볼트와 220볼트에서 모두 사용할 수 있도록 만들어지기 때문이지요.
단, 100볼트를 쓰는 나라의 콘센트는 돼지코 모양이 아니라
11자 모양이어서, 거기에 맞는 연결 장치가 있어야 한답니다.

100볼트용 콘센트

220볼트용 콘센트

글 박병철

연세대학교 물리학과를 졸업하고 한국과학기술원(KAIST)에서 이론물리학 박사 학위를 받았습니다. 30년 가까이 대학에서 학생들을 가르쳤으며 지금은 집필과 번역에 전념하고 있습니다. 어린이 과학동화 《별이 된 라이카》, 《생쥐들의 뉴턴 사수 작전》, 《외계인 에어로, 비행기를 만들다!》를 썼습니다. 2005년 제46회 한국출판문화상, 2016년 제34회 한국과학기술도서상 번역상을 수상했으며, 옮긴 책으로는 《페르마의 마지막 정리》, 《파인만의 물리학 강의》, 《평행우주》, 《신의 입자》, 《슈뢰딩거의 고양이를 찾아서》 등 100여 권이 있습니다.

그림 김민준

나무가 많은 집에서 고양이, 강아지들과 함께 지내며 일러스트레이터와 그림책 작가로 활동하고 있습니다. 그린 책으로 《맞아 언니 상담소》, 《방학 탐구 생활》, 《쫄쫄이 내 강아지》, 《어쩌면 나도 명탐정》 등이 있고, 쓰고 그린 책으로 《비 내리는 날》이 있습니다.

나의 첫 과학책 5 — **전기와 자기**

1판 1쇄 발행일 2023년 1월 2일

글 박병철 | **그림** 김민준 | **발행인** 김학원 | **편집** 이주은 | **디자인** 기하늘
저자·독자 서비스 humanist@humanistbooks.com | **용지** 화인페이퍼 | **인쇄** 삼조인쇄 | **제본** 영신사
발행처 휴먼어린이 | **출판등록** 제313-2006-000161호(2006년 7월 31일) | **주소** (03991) 서울시 마포구 동교로23길 76(연남동)
전화 02-335-4422 | **팩스** 02-334-3427 | **홈페이지** www.humanistbooks.com

글 ⓒ 박병철, 2022   그림 ⓒ 김민준, 2022
ISBN 978-89-6591-467-9 74400
ISBN 978-89-6591-456-3 74400(세트)

- 이 책은 저작권법에 따라 보호받는 저작물이므로 무단 전재와 무단 복제를 금합니다.
- 이 책의 전부 또는 일부를 이용하려면 반드시 저작권자와 휴먼어린이 출판사의 동의를 받아야 합니다.
- **사용연령 6세 이상** 종이에 베이거나 긁히지 않도록 조심하세요. 책 모서리가 날카로우니 던지거나 떨어뜨리지 마세요.